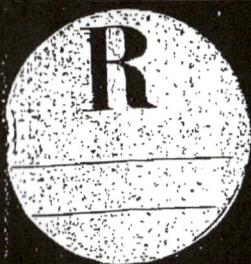

# MÉMOIRE

## TOUCHANT

## LA NATURE

### ET LA FORMATION

# DE LA GRÊLE

## ET DES-AUTRES MÉTÉORES
## QUI Y ONT RAPPORT,

Avec une conséquence ultérieure de la possibilité de naviger dans l'Air à la hauteur de la region de la Grêle. *C". n°. 215 bis*

## AMUSEMENT PHYSIQUE
## ET GÉOMETRIQUE.

*Par un Ancien Professeur de Philosophie de l'Université d'Avignon.*

## A AVIGNON,

Chez ANTOINE IGNACE FEZ, Imprimeur-Libraire, ruë de la Bancasse.

## M. DCC. LV.

*Avec permission des Supérieurs.*

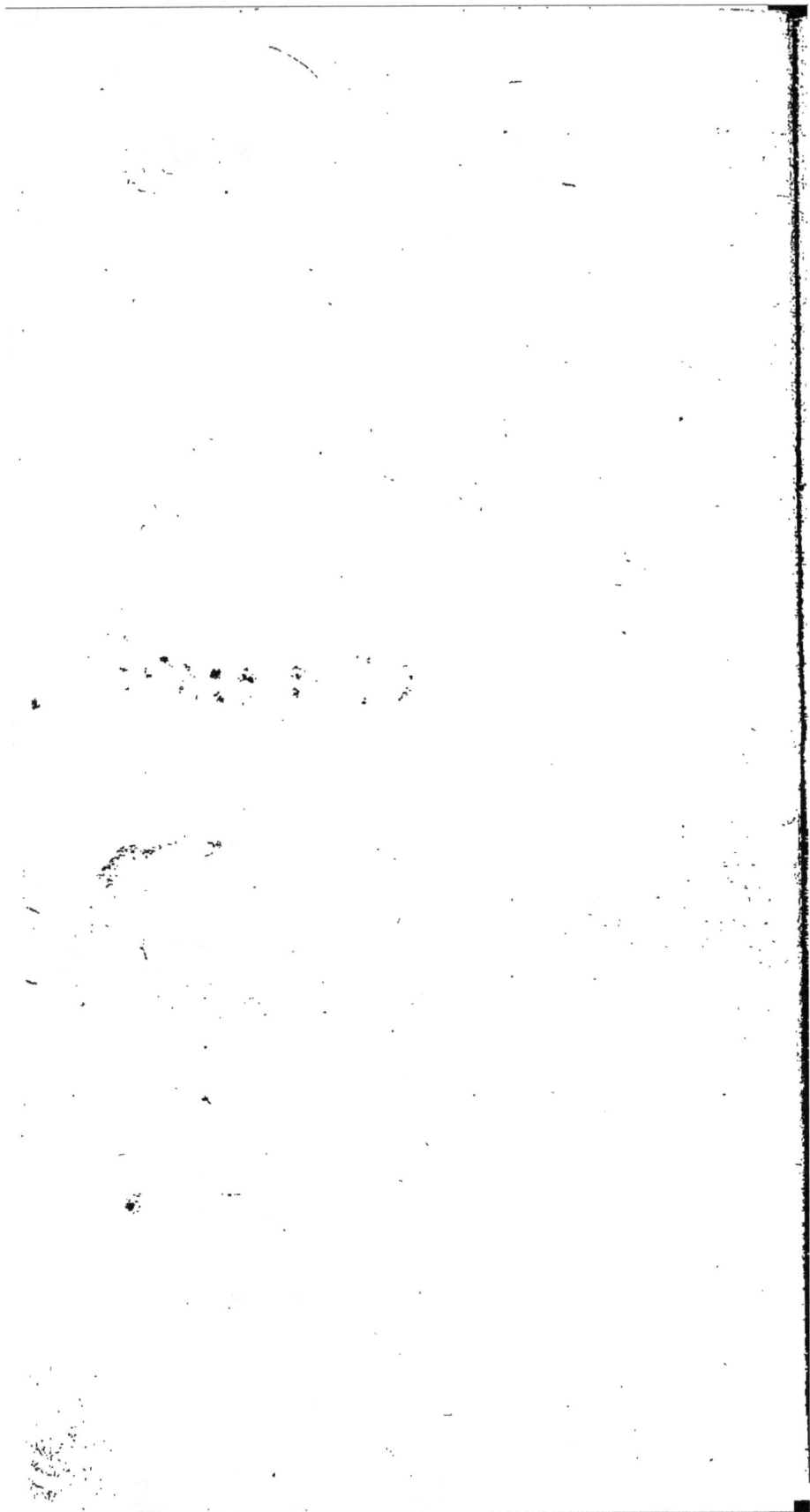

# AVERTISSEMENT.

L'Explication des Méteores est un des écüeils de la Physique. On sçait qu'ils se forment de vapeurs & d'exhalaisons élevées de la terre ; mais le mécanisme par lequel ils se forment, & qui en fait la varieté, n'est pas facile à découvrir.

L'hypothese de Descartes touchant la formation de la Grêle, & des autres Méteores qui y ont rapport, est peut-être ce qu'on a dit jusqu'ici de plus plausible à ce sujet. Cependant des esprits qui aiment à réflechir, sentent assez, & on le verra encore mieux, par le présent Mémoire, que cette hypothese, quelque ingenieuse qu'elle soit, ne sçauroit satisfaire.

# AVERTISSEMENT.

Il m'a paru que l'on pourroit dire là-deſſus quelque choſe de plus ſatisfaiſant. Des Sçavans à qui j'ai communiqué mon Manuſcrit m'ont témoigné en penſer de même. Le Public en ſera le juge.

Quant à la conſéquence ultérieure de pouvoir naviger dans l'Air à la hauteur de la région de la Grêle, je ne penſe pas que cela expoſe jamais perſonne aux frais & aux dangers d'une telle navigation. Il n'eſt queſtion ici que d'une ſimple théorie ſur ſa poſſibilité, & je ne la propoſe cette théorie que par maniére de recréation Phyſique & Geometrique.

# MÉMOIRE

### TOUCHANT

## LA NATURE ET LA FORMATION

## DE LA GRÊLE.

I L n'est point douteux que la Neige, la Grêle, le Gresil ou petite Grêle ne soient de même nature que la Glace ordinaire : C'est une eau qui s'est gelée dans l'air à une certaine élévation, & qui tombe sur la terre avant que d'avoir pû se dégeler.

Ces trois Meteores ont pour cause commune un froid glaçant qui regne dans les hautes regions où ils se forment. Mais la difficulté est d'assigner les Causes Physiques particuliéres qui les differencient ; c'est-à-dire, qui font que des Nuages

A 3

qui fe déchargent en eau glacée, donnent quelque fois de la neige, quelque fois du grefil, & d'autre fois de la
grêle.

Les Saifons y contribuent certaine-
ment en quelque chofe. La Neige ne
tombe que dans des tems froids, l'Hiver en eft la faifon. La Grêle au contraire ne tombe que dans des tems chauds,
c'eft principalement en Eté ; & le Grefil femble demander un milieu entre des
grandes chaleurs & des grands froids,
il tombe ordinairement vers le commencement du Printems. Mais comment la
variété des Saifons contribue-t'elle à di-
verfifier ces effets ? On le verra dans la
fuite de ce Mémoire, allons pas à pas.

## I.

On conçoit aifément qu'en hiver ;
tandis que le froid eft grand ici-bas, il
doit être bien plus intenfe dans les hautes regions des Nuës ; puifque nous éprouvons que les Païs les plus élevés font à
proportion les plus froids. Ce n'eft donc

pas furprenant qu'en cette faifon , les vapeurs dont les Nuës font compofées , fe glacent dans des regions fi froides , & que leurs parcelles venant enfuite à fe rencontrer & à fe joindre , elles tombent en flocons de neige & non en gouttes de pluie.

Dans le Printems, & fouvent même en Eté , le froid eft affez grand aux regions des Nuës pour y glacer les vapeurs & en faire de la neige ; mais parce que la Neige tombe lentement, fi dans fa chûte elle rencontre un air chaud , elle a tout le loifir de fe fondre & de fe convertir en pluie avant qu'elle foit parvenuë jufqu'à nous.

Il n'en eft pas de même du Grefil : comme fes grains, qui reffemblent à de l'anis fucré , font durs & folides , ils tombent avec tant de rapidité qu'ils n'ont pas le loifir de fe fondre dans leur chûte.

## I I.

Quant à la formation du Grefil, on peut l'expliquer d'une maniere affez fatisfaifante , en difant que quoique le haut d'une Nuë fe trouve dans une region abfolument plus froide que le bas , fi on n'a égard qu'à l'augmentation du froid par rapport à l'élevation du lieu; néanmoins fi le haut de cette Nuë eft actuellement expofé aux rayons du foleil , tandis que le bas eft à l'ombre , la partie fupérieure fervant de parefol à l'inférieure , il peut aifément arriver que le haut fe fonde en pluie tandis que le bas fe reduit en flocons de neige , & parce que les gouttes de pluie , occupant plus de matiére fous un pareil volume extérieur , tombent auffi plus vîte que les flocons de neige , elles rencontrent ces flocons dans leur chûte , fe gelent avec eux tant par le froid même de la neige que par celui de la region , & il s'en forme cette petite grêle fort blanche que nous nommons du grefil , fes grains font comme autant de petits pelotons de neige qu'on auroit trempés dans l'eau , & expofés à un air glaçant.

Si le froid eft trop grand , l'action du foleil fur le haut de la Nuë fe trouve

trop foible pour en liquifier les parties ;
& alors la Nuë ne peut former que de
la neige. Si le froid n'eſt pas aſſez grand ,
les vapeurs ne ſe glacent point ni dans
le haut ni dans le bas de la Nuë , &
cette Nuë ne ſe convertit qu'en pluie.

Il faut donc pour la formation du
greſil un froid qui tienne comme le milieu entre celui qui regne trop fortement
dans ces hautes regions de l'air durant
l'hiver, & celui qui regne trop foible-
ment durant l'Eté. Ainſi le Printems eſt
principalement ſa ſaiſon. L'Automne lui
eſt moins favorable , parce que l'Atmoſphere ſe reſſent encore trop des grandes
chaleurs de l'Eté , & ſe refroidit enſuite
preſque tout à coup.

## I I I.

La formation de la groſſe Grêle , qui
ſeule retient le nom de *Grêle* dans le
langage vulgaire , préſente à l'eſprit des
difficultés beaucoup plus grandes que la
formation du greſil. L'explication que je
viens de donner de celui-ci ne peut s'ap-
pliquer à celle-là.

Premierement la groſſe Grêle choiſit, pour ainſi dire, le tems le plus chaud de l'année : Juin, Juillet, Août ſont ſes Mois favoris. Cela eſt aſſez ſurprenant ; car ici bas nous éprouvons que la Glace ne ſe fait épaiſſe qu'à meſure que le froid augmente ; au lieu que ce ſemble être le contraire dans les regions des Nuës. La Glace qui en deſcend eſt menuë comme de la farine dans les grands froids de l'hiver : elle prend un peu de conſiſtance à meſure que le froid nous quitte, elle devient alors comme de petits pois ; mais enfin elle ne prend toute ſa groſſeur que lorſque les chaleurs ont commencé de ſe faire ſentir vivement.

En ſecond lieu la Grêle eſt ordinairement moins blanche ; mais en même tems plus brillante & plus tranſparente que le Greſil. Il y a de la différence de l'une à l'autre, comme du ſucre candi au ſucre ordinaire. Il eſt vrai que cette différence ne s'y trouve pas toujours. On voit quelquefois de la groſſe Grêle qui paroît avoir été formée, tout comme le Greſil, d'une congélation d'eau & de neige tout enſem-

ble ; mais le plus souvent sa couleur &
sa transparence dénotent visiblement que
ses grains n'ont été formés que de globules d'eau , sans que la Neige y soit
entrée pour rien.

Cette réflexion , que Mr. Descartes
avoit faite avant moi , rend le Pheno-
méne très-difficile à expliquer ; car si dans
la Nuë le froid n'est pas assez intense pour
glacer des vapeurs qui y séjournent , en
sorte que ces vapeurs , lorsque la Nuë
se décharge , tombent d'abord en pluie ,
& non pas en neige ; comment le froid
pourroit-il se trouver actuellement assez
intense au-dessous de la Nuë , sur-tout
en Eté , pour glacer tout à coup des
grosses gouttes , des globules d'eau qui
tombent avec rapidité ?

## I V.

Descartes , en avoüant que la Grêle
dont nous parlons a été formée d'une
eau qui étoit déja toute liquifiée , at-
tribuë sa prompte congélation à un vent
froid qu'il fait regner actuellement au-
dessous de la Nuë ; mais cette hypothé-

fe eſt-elle ſatisfaiſante ſi on la conſidére de près ?

Nous voyons que les Nuës qui nous donnent de la grêle , marchent ordinairement dans la direction du vent qu'il fait ici-bas ; ce qui prouve que depuis la Nuë juſqu'à nous , c'eſt actuellement le même vent. Or l'expérience eſt que tandis que le même vent ſouffle en haut & en bas, les regions les plus élevées ſont auſſi les plus froides : donc il doit faire actuellement plus de froid dans la region même de la Nuë que dans la region en deſſous.

Cependant , ſelon l'hypothéſe de Deſcartes , il fait actuellement chaud dans la region de la Nuë , il y dégele , les vapeurs s'y réduiſent en pluie ; & au contraire dans une region au-deſſous , il regne en Eté même le froid le plus intenſe dont on ait oüi parler, capable de glacer en un inſtant des globules d'eau qui ne font qu'y paſſer rapidement avec un mouvement uniformément acceleré : la choſe eſt-elle croyable ?

D'ailleurs peut-on ſe perſuader raiſonnablement

nablement qu'une quantité d'eau assez considérable, pour former un grain de grêle de la grosseur d'un œuf de Pigeon, ou même plus gros, conserve dans sa chûte tandis qu'elle est liquide, une figure ou spherique, ou ovale, ou enfin telle que la Grêle se trouve l'avoir à sa chûte ?

Comme l'eau en tombant rencontre de la resistance à fendre l'air, & que cette resistance augmente même à mesure que sa chûte est plus accélerée, il est naturel que la compression de l'air lui fasse prendre une figure longue, de sorte que si elle venoit à se gêler dans cet état, il s'en formeroit comme des bâtons ou des fuseaux de glace, plutôt que des grains de grêle de la figure que nous les voyons.

Il est vrai que l'eau qui tombe de quelque endroit goutte à goutte, prend une figure ronde avant sa chûte & forme des globules de la grosseur de petits pois, cela provenant de ce que l'eau ne s'associe pas avec l'air ; mais voit-on jamais que ces globules d'eau

B

parviennent à être affez confidérables pour produire de gros grains de grêle ? ils reftent toujours dans leur petiteffe. Qu'on multiplie l'eau ; les gouttes fpheriques qui en decouleront, feront plus fréquentes ; mais elles n'en feront pas plus groffes. Si on augmente encore l'eau , elle pourra couler en forme de fil ; mais elle ne fera jamais avant fa chûte, & encore moins lorfqu'elle fend actuellement l'air dans fa chûte, des globules de la groffeur de la grêle dont nous parlons. Encore moins de celle dont les Hiftoires font quelque fois mention , qui étoit fi groffe que chaque grain péfoit plufieurs livres.

Un autre Fait qui me paroit incompatible avec l'hypothéfe de Defcartes , c'eft que la même Nuë fe déchargeant en même tems fur un vafte Païs , donne de la grêle à un champ & en ruine totalement la Moiffon , tandis qu'elle ne donne qu'une abondante pluie au champ voifin , & n'y fait aucun mal.

J'ai été témoin d'un de ces Faits à Rodez en 1737. je ne m'en rappelle pas le jour : mais c'étoit dans le tems que la Moiſſon étoit pendante & prête à couper. Il y tomba vers les cinq heures du ſoir une grêle qui fit un ravage épouvantable à la Ville & à la campagne. Dans la Ville, toutes les vitres expoſées au vent d'Oüeſt, qui avoit amené l'orage, furent miſes en piéces. Quant à la campagne il y eut des contrées où la Grêle ne laiſſa rien du tout ; les Moiſſonneurs n'y eurent rien à faire. Mais ce qu'il y eut de ſingulier & de remarquable, c'eſt que de deux champs d'une aſſez longue étenduë, ſemés tous les deux de ſeigle, & ſéparés par un ſimple ſillon qui s'étendoit d'Orient en Occident ; l'un qui appartenoit par indevis aux Chartreux, aux Dominicains, & à des Dames Religieuſes auſſi Dominicaines, n'avoit pas reçu le moindre mal & l'autre au contraire qui appartenoit à une autre Communauté Religieuſe, étoit totalement ravagé juſqu'au ſillon de ſéparation. Cependant le terrain étoit autant mouillé dans le premier que dans le ſecond champ ; & les

Fermiers du premier, dont la Maifon n'étoit pas éloignée de-là, nous affurerent qu'ils avoient eu une abondante pluie ; mais aucunément de la Grêle.

Or ce prétendu vent froid, qui fuivant Mr. Defcartes, glace la pluie dans fa chûte, & en fait de la grêle, fe termineroit-il tout à coup à certaines limites ? un pas de plus ou de moins cauferoit-il une fi grande différence de froid & de chaud dans la region de la grêle ?

Il ne manqueroit pas d'autres objections à faire contre l'hypothéfe de Defcartes ; mais en voilà affez, à ce qu'il me paroit, pour montrer que quoique ce foit peut-être ce qu'on a dit de mieux là-deffus jufqu'ici, elle ne fçauroit néanmoins contenter un efprit qui aime à aprofondir,& à examiner les chofes de près.

V.

Je penfe qu'il feroit inutile de rappeller ici & de refuter lAntiperiftafe, ou conflit des qualités du froid & du chaud, que nos anciens Phyficiens employoient à la formation de la grêle.

Ils prétendoient que l'eau en tombant d'une région froide, & rencontrant tout à coup une region chaude, se mettoit en boule pour mieux réunir les efforts de sa qualité froide, & la faire combattre plus vaillamment contre la chaleur son ennemie : d'où il arrivoit que cette eau se trouvoit en un instant toute roidie & gelée de froid, & se convertissoit en grêle.

Cette maniere de philosopher est surannée. On aime aujourdhui à expliquer les choses mécaniquement. C'est ce qu'il faut tâcher de faire. L'hypothése que je vais proposer sera nouvelle ; mais j'espére qu'elle n'en sera pas moins solidément établie, ni moins satisfaisante. Allons par degrés, commençons par ce qui doit y servir de fondement.

## V I.

L'Atmosphere de l'air au tour de notre globe terrestre est distinguée dans sa hauteur en plusieurs regions supérieu-

B 3

res & inférieures. L'air des inférieures
eſt plus craſſe & plus peſant que celui
des ſupérieures. La raiſon en eſt phyſique , car le plus peſant doit naturellement tomber en bas , & élever en
haut le plus léger.

Je penſe que tout le monde convient
de cela ; mais une choſe que j'ai inté-
rêt de prouver & d'établir, c'eſt que
l'air d'une region ne ſe mêle point naturellement avec celui d'une région ſupérieure , ni avec celui d'une région inférieure ; mais que l'air de chaque region prend comme de lui-même le rang
& la place que ſa peſanteur ſpecifique
lui aſſigne dans notre Atmoſphere, tout
comme pluſieus liqueurs de celles qui
ne s'aſſocient point enſemble , étant miſes dans un même Vaſe , s'y rangent
les unes ſur les autres, les plus legéres
au-deſſus, & les plus peſantes au-deſſous.

Une preuve de cela c'eſt , que ſi l'air
depuis la ſuperficie de notre globe juſqu'au plus haut de l'Atmoſphere étoit
par-tout de même peſanteur ſpecifique,
il s'en ſuivroit que les vapeurs qui ſont

en équilibre avec l'air d'une région, pourroient s'élever aisément à une région supérieure, ou descendre à une inférieure, & y être pareillement en équilibre avec l'air ; tout comme, par exemple, un corps dans l'eau, qui est en équilibre avec un pareil volume de ce fluide, va indifféremment à la moindre détermination qu'on lui donne, en haut, en bas, à côté, parce qu'il est par-tout également en équilibre.

Cependant nous voyons souvent, surtout en certains jours durant lesquels le soleil & la pluie se succédent mutuellement, nous voyons des vapeurs s'élever de la terre & monter, comme de la fumée, jusqu'à une certaine region, où elles s'établissent & forment des Nuës qui subsistent jusqu'a ce que par la jonction & réunion de leurs parcelles, elles se convertissent en pluie & retombent sur la terre.

Or d'où vient que ces vapeurs ne s'arrêtent pas dans la basse région de l'air ? c'est sans doute parce qu'elles sont plus légéres que l'air de cette basse ré-

gion. D'où vient qu'après s'être élevées
avec rapidité jusqu'à une certaine région , elles s'y arrêtent & se répan-
dent de côté d'autre , au lieu de suivre
leur premiere détermination ? c'est que
l'air de cette région est en équilibre
avec elles , & que celui de la région
au-dessus est trop leger.

Nous voyons aussi que les Brouillards
ou Nuages qui rampent simplement sur
la terre dans les plaines & les vallons, ne
montent qu'à une certaine hauteur qui
correspond vers le milieu des Montagnes,
plus ou moins, selon que ce sont des
Montagnes plus ou moins élevées. Nous
en voyons d'autres dont la plus basse
partie correspond à ce même milieu des
Montagnes , & la haute partie correspond à leur sommet. D'autres s'ap-
puyant sur le sommet des Montagnes , s'élevent beaucoup au-dessus :
d'autres enfin encore plus élevés laissent une grande distance entre eux &
le sommet des plus hautes Montagnes.

Que dirons-nous donc de cette différente situation que les Brouillards & les

Nuages prennent dans notre Atmosphere suivant qu'ils sont plus ou moins grossiers & pesans ? n'est-il pas visible que cela provient de ce que la pesanteur spécifique de l'air est différente dans chaque région , & que les Nuages vont s'établir dans celle où l'air se trouve d'une pesanteur proportionnée à la leur , & où ils sont en équilibre ?

Concluons donc que notre Atmosphere a dans sa hauteur , comme différens étages occupés par autant d'espèce d'air ; & que l'air d'un étage ou d'une région peut bien , à raison de son mouvement de fluidité , avoir les mêmes parcelles tantôt en haut , tantôt en bas , tantôt au milieu de sa région ; mais que l'air d'une région ne se mêle point naturellement avec l'air d'une autre région.

Une autre preuve qu'on peut en donner, c'est que si l'air étoit de même espèce dans toute la hauteur de l'Atmosphere , on ne respireroit pas un air plus subtil au haut qu'au bas d'une Montagne, tout comme on ne boit pas une eau plus subtile pour l'avoir prise à

I

la furface, que fi on l'avoit puifée du fond même d'une Riviere ou d'un Puits. Cependant on reconnoit que l'air eſt plus fubtil au fommet d'une haute Montagne qu'en bas. Donc C. Q. F. D.

## V I I.

Quelle liaifon peut avoir avec la grêle ce que je viens d'établir ? On le verra dans la fuite. J'ai averti que je ne pouvois aller que pas à pas dans la découverte & l'expofition du mécanifme d'où dépend la formation de ce meteore.

Entre plus & moins de pefanteur quelque petite qu'en foit la différence, il peut toujours y avoir un milieu. La chofe eſt certaine & évidente. Il peut donc y avoir des vapeurs & des exhalaifons trop legéres pour s'arrêter dans une région inférieure, & trop pefantes pour monter à une fupérieure. C'eſt-à-dire que ce feront des vapeurs & des exhalaifons qui tiendront une efpèce de milieu entre la pefanteur de l'air d'une région, & la pefanteur de l'air d'une

autre région. Tout comme fi l'on di-
foit que le liege tient une efpèce de
milieu entre la pefanteur de l'eau & la
pefanteur de l'air.

Ainfi comme le liege ne s'élève pas
de lui-même dans l'air, parce qu'il eft
plus pefant que l'air; & ne s'arrête pas
non plus au fonds, ni au milieu de l'eau,
mais monte à fa fuperficie, parce qu'il
eft plus léger que l'eau. De même les
vapeurs & les exhalaifons dont je parle, étant plus légéres que l'air d'une
region inférieure, & plus pefantes que
l'air d'une région fupérieure, elles doivent monter à la furface de la premiere, & s'y arrêter, ne pouvant monter
plus haut.

Voyons donc ce qu'il en refultera
1°. par rapport aux vapeurs, 2°. par
rapport aux exhalaifons, 3°. par rapport
à la formation de la grêle.

# V I I I.

Comme les vapeurs ne font propre-
ment qu'une eau reduite en de très-

petites gouttes éparfes qui voltigent dans
l'air , on conçoit aifément que fi ces
vapeurs s'élevent jufqu'à la furface d'u-
ne région fans pouvoir monter plus haut ,
les petites gouttes dont elles font formées doivent s'y joindre les unes aux
autres , & produire par leur réünion des
gouttes plus confidérables qui ne pouvant plus s'y foutenir , tombent par leur
propre poids & nous donnent de la
pluie. Je parle dans la fuppofition que
le froid ne foit pas actuellement affez
intenfe pour glacer ces vapeurs , foit
avant , foit après leur réünion.

Mais il arrive quelquefois que ces
vapeurs font déja glacées avant que de
parvenir à la furface de la région ; &
dès-lors il ne peut s'en former , par leur
réünion , que des flocons de neige ordinaire.

D'autres fois les vapeurs parviennent
jufque-là fans être glacées , & s'y glacent prefqu'en un inftant , foit à la faveur du petit repos qu'elles y trouvent,
car une eau en repos fe glace plus aifément qu'une eau agitée ; foit parce
que

que la région supérieure étant plus froide, elle fait à la surface de l'inférieure ce qu'un air froid fait à la surface
de l'eau, glaçant ce qui est à cette surface, sans glacer ce qui est au-dessous.

Cela supposé, on n'aura pas de la
peine à concevoir la formation d'une
espèce de neige assez singuliére, qui
consiste en de petits glaçons minces &
plats, communément ronds, quelque
fois admirablement figurés, tantôt en
petites roses à six feuilles très-bien com-
passées ; tantôt en petites étoiles à six
pointes parfaitement égales : quelques
fois ces glaçons ont une espèce de duvet à leur surface, & comme une espèce de poil herissé tout au tour. Ces
derniers sont d'un beau blanc, & ne
sont pas luisans comme les autres.

Tout cela s'explique fort simplement
dans notre théorie. Les petites gouttes
de vapeurs qui parviennent avant leur congelation, à la surface d'une région,
doivent naturellement s'y applatir & s'é-
tendre en rond, ainsi qu'il arrive à toute sorte de petites gouttes fluides lors-

C

qu'elles font à la furface d'un autre fluide plus pefant avec lequel elles ne s'affocient point. Nous voyons, par exemple, que les petites parties de graiffe qui reftent dans un bouillon, après même qu'on l'a paffé dans un linge pour le degraiffer, montent à la fuperficie, & y prennent cette figure ronde, mince & plate, qu'elles confervent après que le froid les a durcies.

Il doit donc en être de même des petites gouttes de vapeurs dont nous parlons : parvenuës à la fuperficie d'une région d'air, elles doivent s'y applatir, s'y étendre horizontalement en rond, & conferver cette figure après leur congelation. De forte que s'il ne leur arrive pas d'aures accidens, il en refultera fimplement de petits glaçons ronds & plats.

Mais quelque fois à force de fe multiplier, ou s'étant ramaffés les uns près des autres par le moyen de quelque petit vent, ils fe touchent & fe joignent plufieurs enfemble, quoiqu'ils ne faffent pas encore un tout folide, ne fe touchant qu'à des points de leurs circonfé-

rences, & laiffant entre eux des efpaces vuides angulaires.

Or les Elemens de la Géometrie nous
apprennent que chaque rond pofé con-
jointement avec fes femblables dans un
même plan, ne peut en avoir que fix
autour de lui qui fe touchent immédiatement, & qui le touchent auffi de
voifin à voifin. Ces mêmes Elemens nous
apprennent encore que fix ronds égaux
difpofés autour d'un feptiéme de même grandeur, de façon qu'ils le
touchent tous immédiatement, laiffent
entre eux & ce feptiéme, fix efpaces
vuides angulaires parfaitement égaux.

Confiderons donc fept petits glaçons
minces & ronds difpofés de la forte,
l'un au centre & les autres fix autour
de celui-là. Que faut-il pour en former
un feul glaçon qui repréfente exactement
une petite Rofe à fix feuilles? il eft vi-
fible qu'il fuffit que tandis que les vapeurs continuent de monter vers la fuperficie de la région, il y ait de nouvelles gouttes, qui venant par-deffous,
rempliffent ces efpaces angulaires que les

petits ronds laiſſoient entre eux. Ces nouvelles gouttes, en ſe glaçant, lieront & conſolideront le tout enſemble, & il en reſultera un ſeul glaçon dentelé, qui ſera cette petite Roſe à ſix feuilles égales.

Mais pourquoi, dira-t'on, les nouvelles gouttes qui montent à la ſurface de la région, ne lient-elles pas enſemble un plus grand nombre de ces petits glaçons ronds ? pourquoi préciſément ſix autour d'un ſeptiéme ?

Je réponds que tandiſque ces petits glaçons ſont encore à la ſurface de la région, il peut ſe faire qu'il y en ait beaucoup plus de liés enſemble ; mais parce que dans leur deſcente, ſur-tout s'il fait tant ſoit peu de vent, ils ſont forcés de tourner ſur leur centre, & & de piroüetter dans l'air, la reſiſtance de l'air fait détacher tous les ronds qui feroient obſtacle à ce piroüettement ; or tous les ronds ſurnumeraires à la cimetrie que demande la petite Roſe à ſix feuilles, feroient un obſtacle à ce piroüettement, ſoit en rendant le glaçon total trop grand, soit en le rendant plus long & plus pesant d'un côté que d'un autre. Ainsi tous ces ronds surnuméraires sont forcés de s'en détacher; & il n'y reste que les six feuilles autour d'un centre commun.

## I X.

Quelquefois ces petites Roses à six feuilles se convertissent en de petites étoiles à six pointes égales. Cela peut arriver par deux causes différentes; ou par un commencement de degel, ou par la contrariété des vents.

Lorsque ces petites Roses rencontrent dans leur chûte un air un peu plus chaud, sans néanmoins l'être assez pour les fondre totalement en si peu de tems, la premiere chose qui se fond en elles ce sont leurs petites feuilles qui sont plus minces, & en conséquence resistent moins à ce commencement de degel que les parties angulaires qui lient ces petites feuilles avec le glaçon du centre.

C 3

La raifon de cela , c'eft que les goutres de vapeurs qui ont rempli les fix efpaces angulaires laiffés entre les fix glaçons de la circonférence & celui du centre , s'y font trouvées trop refferrées pour pouvoir s'étendre autant que l'avoient fait les premieres qui avoient formé ces glaçons. Or par la même raifon qu'elles fe font moins étenduës, elles doivent former dans ces efpaces angulaires une glace plus épaiffe que celle des premiers glaçons qui fervoient de feuilles à la petite Rofe dont nous parlons : ces feuilles peuvent donc fe trouver degelées & par conféquent détruites dans un tems que les fix petites glaces angulaires fubfiftent encore réünies avec le glaçon du milieu qu'elles protégent contre le degel ; & dès-lors ce fera une petite étoile à fix pointes égales.

L'autre caufe qui peut convertir ces petites Rofes en des petites étoiles , ce font les vents contraires , qui au lieu de les faire piroüetter fur leur centre, les prennent quelquefois en plein & les battent fi vivement qu'elles y perdent leurs feuilles, qui en font les parties les plus foibles pour la raifon déja dite ; & qui outre cela étant plus larges & plus deployées que les parties angulaires, font en conféquence plus expofées à la fureur des vents. Or dès que ces petites Rofes confervent leur fix petites parties angulaires, après avoir perdu leurs feuilles, il en refulte des petites étoiles à fix pointes égales, comme il a été dit.

Quant aux petits glaçons couverts d'une efpèce de duvet blanc, & heriffés tout au tour de poil de même couleur, ce duvet & ce poil confiftent en une efpèce de gelée blanche qui s'y eft attachée, comme il s'en attache aux feuilles des arbres & des plantes.

Dans la région fupérieure à l'endroit où ces glaçons fe font formés, il y a des vapeurs glacées plus fubtiles que celles de la région inférieure. De celles-ci fe forment les glaçons : de celles-là fe forment le duvet & les poils de gelée blanche, lorfque dans leur chûte rencontrant ces glaçons, elles s'y attachent , & tombent avec eux.

La diſtinction réelle des régions de l'air dans la hauteur de notre Atmoſphere nous a donc déja conduit à une explication très-ſimple de la formation des gouttes de pluie, des flocons de neige, & de ces glaçons minces & figurés , que Mr. Rohault appelle une grêle merveilleuſe ; mais que j'aimerois mieux, ſans vouloir diſputer du mot, reduire en une eſpèce de neige. Il arrive même ſouvent que ces glaçons tombent pêle-mêle avec la neige ordinaire.

La formation de la groſſe Grêle ſera une ſuite non moins naturelle, que les précédens meteores, de la réelle diſtinction établie entre les regions de l'air ; mais ce n'en ſera pas une ſuite auſſi immédiate ; il faut auparavant examiner ce qu'il reſultera de cet arrangement , par rapport aux exhalaiſons.

## X.

Les exhalaiſons étant compoſées de parties terreſtres , ſeches , ordinairement ramufculeufes ( , car de-là vient qu'elles ne s'affocient pas aifément avec les vapeurs ) s'il arrive qu'il s'en éleve une quantité jufqu'à la furface d'une région, fans pouvoir monter plus haut, elles s'uniffent, fe lient enfemble par leurs ramufcules, & s'étendent à la furface de cette région en forme de grandes & longues nappes d'une toile communément plus mince que n'eft celle de l'araignée ; mais tant foit peu plus ferme, & d'un gris plus clair.

On en voit tomber les debris, certains jours de beau tems, principalement en Automne. Ce font ces longues, mais très-legéres filaffes que les Anciens ont nommées les *Cheveux de Vénus*, parce que fuivant la fuperftition Payenne, c'étoit dans ces beaux jours que la Déeffe aimoit à fe parer, & qu'en fe peignant & rangeant fes cheveux, elle en laiffoit tomber fur la Terre.

Il eft rare que les vents de la région inférieure nuifent aux nappes dont je viens de parler ; parce qu'il en eft des

vents comme de tous les autres fluides : ils coulent de haut en bas par leur
propre poids , & non point de bas en
haut , à moins qu'ils ne foient repouffés
en haut par quelque obftacle. Ainfi , hors
ce cas , ces vents ne peuvent agir fur
des nappes qui font au-deffus d'eux.

Ce n'eft pas que le haut de la région ne marche alors avec les nappes
dont il eft chargé , & auxquelles il fert
de vehicule ; mais c'eft d'un pas fi tranquille qu'elles n'en reçoivent aucun dom-
mage , dans le tems même qu'ici-bas le
vent nous donne de furieufes fecouffes.

Il en eft de cela comme d'une Riviere aux endroits où elle eft large &
profonde. Les Rochers , les monticules,
& les autres inegalités du terrain au
fonds de cette riviere , peuvent bien y
occafionner des fecouffes ; mais ces fecouffes ne fe font point fentir à la furface , pourvû que l'eau foit élevée beaucoup au-deffus de ces écueils. De forte
que fi on y jette des gouttes d'huile,
ces gouttes au lieu de fe rouler & de
fe brifer , comme elles font dans les en-

droits où l'eau forme des élevations &
des flots, elles s'y étendent au contraire en suivant paisiblement le coulant de
l'eau, & s'y épanouiffent tout comme
elles feroient à la furface d'une eau
dormante.

Cette expérience fe fait mieux avec
l'huile de Petreol, qu'avec une autre
huile, parce que fa couleur obfcure fait
qu'on la perd plus difficilement de vûë.
Je l'ai éprouvé à Gabian, Village à
deux lieües de Pefenas, où il y a une
fontaine de cette huile, tout auprès d'u-
ne riviere.

Les vents qui détruifent les nappes
légéres formées à la furface d'une région d'air, ce font ceux de la région
fupérieure, qui agitent quelquefois la
furface de l'inférieure à-peu-près comme les vents d'ici-bas agitent la furface de la Mer, & par cette agitation ils bri-
fent & déchirent ces nappes, en rou-
lent & chifonnent les piéces ; & ces
piéces ainfi roulées & chifonnées tombent fur la terre par leur propre poids,
quoique fort lentement.

Or ces vents formés dans la région fupérieure ne caufent point ici-bas de mauvais tems , ils nous procurent au contraire de beaux jours , parce que ce qui brouille le tems , ce font des Nuages élevés de la Mer ou des endroits humides de la terre , & non pas des Nuages defcendus du Ciel. Ainfi ces vents font plus propres à diffiper les Nuages qu'à les exciter. C'eft pourquoi nous ne voyons , du moins ordinairement , tomber de ces longues filaffes ou cheveux de Vénus que dans des beaux jours.

La plus confidérable de ces filaffes que j'aie vû tomber du Ciel , ce fut , il y a quelques années , à St. Gaudens Ville de Gafcogne , dans le Diocèfe de Comenge. Nous fumes plufieurs à la confidérer , elle s'étendoit en long prefqu'autant que la Ville , quoiqu'elle fît des contours , & qu'elle fût amoncelée en plufieurs endroits. Ce fut fur la Ville même qu'elle tomba.

Il en tomba auffi une affez confidérable devant moi , entre Bagnols & Avignon le 20me. Octobre 1744. elle

croifoit

croifoit le chemin Royal , en un endroit où ce chemin eſt enfoncé , & le
terrain élevé de part & d'autre , & elle tenoit de chaque côté à des arbres
fur leſquels elle étoit tombée.

Comme la partie qui croifoit le chemin étoit un peu abaiſſée par fon poids ,
je l'atteignis de cheval avec une canne , & j'en emportai bien au moins
trois toifes en longueur ; car quoique je
tinſe la canne & la main élevée elle
auroit traîné à terre , toute doublée
qu'elle étoit , n'eût été que le mouvement du cheval la faifoit tenir preſqu'horizontalement derriere moi. Je pris enſuite cette eſpèce de drapeau entre les
doigts ; je me mis à le plier , à le rouler & à le bien ferrer entre les deux
mains. Je m'attendois qu'il en refulte-
roit un peloton , au moins de la groffeur d'une bonne noix ; mais il fe trouva à peine de la groffeur d'une noifette.

Le 17. Octobre 1750. vers les deux
heures après midi , nous vimes ici à A vi-
gnon tomber une quantité prodigieufe
de ces fortes de filaffes , le Ciel fem-

D

bloit en être tout parfemé. Jamais je n'en avois vû tant à la fois ; mais elles étoient beaucoup plus petites que les deux dont je viens de parler.

## XI.

Il feroit à fouhaiter que les Phyficiens euffent fait un peu plus d'attention, fur ce meteore, qu'ils ne me paroiffent en avoir fait. Car il peut aider à en expliquer bien d'autres, & en particulier à expliquer la formation de la Grêle.

Ne conçoit-on pas en effet que fi à la furface d'une région de notre Atmofphere, il fe forme de ces fortes de nappes minces, d'une grande étenduë , il peut aifément arriver que des vapeurs très-fubtiles élevées à une région fupérieure y produifent des Nuages, qui venant à fe décharger & à tomber en douce pluie fur ces nappes, l'eau qui en refultera, & qui ne s'affocie point avec la matiére de cette toile, s'y mettra en globules comme elle fait fur les toiles d'araignées, ou fur les feuilles de choux ?

Or ces globules, en demeurant quelque tems en repos fur ces nappes, pourront aifément s'y glacer, le lieu étant fort froid, même en Eté à caufe de fon élévation. Ainfi fe formera la Grêle, qui à force de groffir percera la toile par fon propre poids, & tombera fur la terre.

Dans des faifons froides cela ne peut pas arriver, foit parce qu'il faut de la chaleur pour faire élever les exhalaifons néceffaires à la formation des nappes; foit parce que fi le tems eft trop froid, les vapeurs fe glacent dans ces hautes régions avant la réünion de leurs parcelles, & il s'en forme de la Neige. Le froid y eft toujours affez intenfe pour glacer l'eau qui eft actuellement en repos fur ces nappes; mais il n'eft pas toujours affez intenfe pour glacer les vapeurs tandis qu'elles voltigent dans l'air, parce que l'agitation rend la congelation très-difficile. Ainfi tandis que les chaleurs fe font fentir vivement ici-bas, les vapeurs ne peuvent fe geler en haut ; mais d'une fois qu'elles font tombées fur les nappes, & que les globules d'eau qui en refultent, y font en repos, le froid y eft toujours

affez glaçant pour en former de la Grêle.
C'eft pourquoi l'Eté fe trouve être la faifon la plus convenable à la formation de
ce meteore.

Quelquefois la Nuë au-deffus des nappes
fe réfout en pluie, quant à fa partie fupérieure qui eft expofée aux rayons du Soleil,
& en Neige quant à fa partie inferieure,
qui eft à l'ombre. Pour lors les globules
qu'il s'en forme fur les nappes, étant un
compofé de pluie & de neige, & le tout
fe glaçant enfemble, il en refulte une grêle
blanche, qui n'eft diftinguée du grefil
que par fa groffeur.

On peut même dire que fi la toile
eft trop mince pour fupporter de la
groffe grêle, il ne s'y forme que du
grefil ; & cette maniere d'expliquer la
formation du grefil peut & doit avoir
lieu, lorfque la premiere maniere ci-
deffus n. 2. paroitra infuffifante, comme elle le fera en effet, fuppofé
qu'il tombe du grefil durant la nuit. Le
foleil ne pouvant pas alors faire fondre
la partie fupérieure de la Nuë, il fau-
dra néceffairement dire que cela s'étoit

fait durant le jour ; & que le grefil qui
en refultoit s'étant arrêté fur les nappes,
il n'eſt tombé vers nous que durant la
nuit.

## XII.

Suivant cette théorie on conçoit 1°.
que la Grêle péut ravager tout un champ
fans toucher au voifin ; ou même qu'elle peut en ravaget deux feparés fans
toucher à celui du milieu, comme il
arrive quelquefois ; car les nappes qui
charrient la grêle ont leur limites, &
il peut fouvent arriver qu'il y en ait en
même tems plufieurs un peu diſtantes
les unes des autres.

On conçoit 2°. que plus la toile,
qui foutient la grêle, eſt forte, plus
elle eſt difficile à s'entrouvrir fous le
poids de chaque grain, & qu'en conféquence la grêle doit fe faire plus ou
moins groſſe, felon que cette toile eſt
plus ou moins forte & épaiſſe ; & parce que cette toile formée d'exhalaifons
ramufculeufes fortuitement raffemblées
à la furface d'une région, ne fçauroit

D 3

que très-rarement se trouver d'un tissu
par-tout uniforme ; il s'y rencontre des
endroits foibles , qui ne peuvent supporter que des petits grains , tandis que
d'autres en supportent de plus gros.
De-là vient qu'on voit tomber en même tems de grêle de différente grosseur.

On conçoit 3°. que comme l'eau qui
tombe sur une feuille de choux y prend
diverses figures suivant que la diversité
des fibres de la feuille y a pratiqué différentes loges. De même la toile qui
soutient la grêle étant formée de divers
filamens , dont les uns sont plus roides
& prêtent moins que les autres , il en
arrive que les enfoncemens que les grains
de grêle y font à mesure qu'ils se forment , ne sont pas tous égaux , ni dis-
posés de même. En conséquence la Grêle ne peut pas toute avoir la même figure.

On peut encore donner une autre raison de cette diversité de figure qu'ont
les grains de grêle. Les creux ou enfoncemens que ces grains font sur la
toile par leur propre poids , sont d'abord

petits & beaucoup multipliés , tandis que
les globules font encore petits & en grand
nombre ; mais à mefure que les globules
groffiffent par la continuation de la pluie ,
les enfoncemens deviennent plus confidérables & moins multipliés , parce que ces
enfoncemens ne peuvent s'agrandir & s'é-
largir qu'au dépens les uns des autres. De
là il arrive que plufieurs petits globules
deja glacés fe jettent dans le même enfoncement , & il en refulte une différence
dans la Grêle.

Si plufieurs petits globules jettés dans le
même enfoncement percent la toile &
tombent avant que la continuation de la
pluie qui y defcend & qui s'y gele en ait
fait un tout folide , il n'en refulte qu'une
petite grêle , qui fe trouve quelquefois un
peu applatie d'un côté ; c'eft-à-dire , du
côté que les globules fe touchoient étant
dans le même enfoncement.

Si la toile ne fe perce fous ces globules
reünis , qu'après que la continuation de la
pluie qui s'y eft glacée en a fait un feul
grain plus gros , la figure en eft différente
felon le nombre & l'arrangement des petits

globules dans chaque enfoncement. S'il
n'y en avoit que deux, le gros grain de
grêle qui en refulte doit être ovale. S'il y
en avoit trois ou quatre pofés en ligne
droite, il en refulte un fpheroïde oblong.
S'ils étoient difpofés en triangle ou en
quarré, il en refulte un gros grain, qui
retient quelque chofe de cette figure ; &
ainfi des autres.

On conçoit 4°. à quoi peut fervir le fon
des cloches lorfqu'on eft menacé de grêle.
Ce bruit fait fautiller les globules au-deffus
des nappes, & ce fautillement, outre qu'il
retarde la congelation, fait percer la toile
& ôte aux globules le loifir de fe faire
affez gros pour pouvoir nuire.

Quelquefois la Grêle tombe tout auffi-
tôt qu'il a fait un gros tonnerre ; &
quelquefois après un femblable tonnerre
ce n'eft qu'une groffe pluie. Cela vient
de ce que le tonnerre qui fait encore
bien mieux fautiller les globules que ne
le fait le fon de la cloche, leur fait en
conféquence percer promptement leur
toile. Si ces globules étoient déja glacés, c'eft de la grêle : s'ils n'étoient

pas encore glacés, il n'en refulte qu'u-
ne groffe pluie.

## X I I I.

Cette explication de la formation de
la grêle & de fes accidens me paroit
autant fimple qu'on puiffe le defirer en
matiére de Phyfique. Il fe préfente néanmoins une difficulté que l'on pourroit
m'objecter, & qu'il eft bon de prévenir.

Comment eft-il poffible que des nappes plus minces que la toile d'araignée
puiffent voicurer cette prodigieufe quantité de grêle qui défole nos campa-
gnes, & qui couvre quelquefois totalement le fol fur lequel elle eft tombée?

Je me rappelle en particulier d'avoir
vû au Pui en Velai, lorfque j'étois encore jeune, tomber fi abondamment de
la grêle fur la Ville vers les dix heures
du foir, qu'à fept ou huit heures du
matin fuivant il y en avoit encore des
monceaux d'un pied de hauteur à certains coins des ruës.

Or comment toute cette grêle auroit-elle pû fe trouver fur une de ces nappes dont il eft parlé dans ce Mémoire ? il auroit fallu pour cela que les grains y euffent été entaffés les uns fur les autres ; d'autant plus qu'une Nuë qui paffant dans un endroit y verfe une abondante grêle , continue quelquefois d'en ufer de même durant plufieurs lieües de fa route.

L'impoffibilité de mettre tant de grêle fur une de ces nappes fe manifefte par deux endroits. 1°. Parce qu'une toile fi mince & fi foible fe déchireroit plutôt que de fupporter un fi gros fardeau. 2°. Parce que l'abondante pluie qu'il faudroit fuppofer être tombée fur cette nappe , l'auroit toute couverte, & il ne s'en feroit formé qu'une feule piéce de glace ; ou du moins elle y auroit fait des creux , des enfoncemens extrêmement grands , & il s'y feroit formé des maffes énormes de glace , & non pas des grains multipliés , tels que ceux de la grêle.

Il eft au refte indifférent d'admettre une feule ou plufieurs de ces nappes pour

produire une abondante grêle , parce que
quand on en admettroit plufieurs , dès-
qu'elles feroient à la même furface & cou-
chées dans le même plan , elles n'équivau-
droient toutes qu'à une feule plus grande ;
à moins d'en admettre plufieurs actuellement les unes fur les autres à la furface de
différentes régions ; mais ce feroit une fuppofition trop gratuite & trop arbitraire ,
que de les faire ainfi rencontrer directe-
ment les unes fur les autres. Voilà l'ob-
jection.

## X I V.

Je répons que la difficulté feroit en effet
indiffoluble , s'il falloit dans ma théorie
qu'une des nappes dont il eft parlé , fût
toute à la fois chargée de toute la grêle
qu'elle nous donne. Mais comme nous
voyons qu'une abondante grêle tombe fucceffivement , & non pas toute en un inftant ; il n'eft pas non plus néceffaire qu'elle
fe foit toute trouvée en même tems fur
une de ces nappes , il fuffit qu'à mefure
qu'il en tombe , il s'y en produife de nou-

velle, par la continuation d'une pluie fupérieure qui s'y décharge.

Confiderons donc une de ces nappes à
laquelle nous donnerons une ou plufieurs
lieues de longueur ; car à n'en fuppofer
qu'une, il faut néceffairement lui donner
toute l'étenduë que parcourt la Nuë depuis
le moment que la grêle commence de tomber en un endroit jufqu'au moment qu'elle
ceffe d'y tomber, ce qui fait une étenduë
bien confidérable, car les grêles abondan-
tes dont nous parlons, tombent quelquefois durant les heures entiéres dans le même endroit, & cependant nous voyons
que les Nuages qui les caufent vont alors
affez vîte.

Dans cette fuppofition quelle abondan-
ce de grêle ne pourra-t'il pas fe produire
fucceffivement fur cette nappe ? Nous
voyons ici bas que lorfqu'il gele actuellement à l'ombre par un petit vent de bize,
tandis que la neige fe fond fur les toits à
caufe que le foleil y donne, les gouttes
qui en découlent, fe glacent prefqu'au
même inftant qu'elles font à terre, & y
forment un glacis gliffant, dangereux pour
les

les gens qui marchent dans les ruës.

Il ne feroit donc pas abfolument néceffaire de donner une minute de tems à la
formation de chaque grain de grêle ; fuppofons néanmoins qu'il lui faille une minute ; la grêle ne laiffera pas d'avoir le loifir de fe renouveller une trentaine de fois
fur la nappe dans demi-heure. Et ce fera
au double , fi une demi minute fuffit pour
cela. Peut-être faut-il encore moins de
tems ; car quelque petit que foit le repos
que l'eau trouve fur la nappe , cela doit en
faciliter la congelation.

On craindra peut-être que les trous que
les premiers grains auront faits à la toile ,
ne l'ayent trop criblée pour qu'elle foit en
état de retenir & de fupporter de nouveaux
grains de grêle. Mais ce n'eft pas à apre-
hender ; ces trous fe font & fe referment
prefqu'au même inftant ; car l'air de deffous comprimé par le poids de la nappe
chargée de pluie & de grêle , fait d'abord
effort pour monter par ces trous & gagner
le deffus ; & juftement par cet effort même il s'en ferme le paffage , en rehauffant
les parties de la toile qui s'étoient abaiffées

E

autour des trous ; par ce rehauſſement il les réunit auſſi-bien enſemble que s'il n'y avoit point eû de fracture ; parce que pour les réunir ainſi , il ſuffit de faire qu'elles ſe retouchent ; comme on le voit par rapport aux *Cheveux de Vénus* , dont il ſuffit que deux parties ſéparées viennent à ſe toucher pour ſe trouver ſi bien unies , que ce n'eſt qu'en les déchirant qu'on peut les ſéparer.

L'Air fait à l'égard de ces trous , ce qu'il fait à l'égard des valvules garnies de ſoupapes ; il s'en bouche le paſſage par l'effort même qu'il fait pour y paſſer.

S'il arrivoit par haſard qu'il tombât, tout-à-coup une grande quantité de grêle en certains endroits : qu'il y en tombât comme à pleins ſéaux, pour me ſervir de l'expreſſion vulgaire ; cela pourroit venir ou de ce que la nappe ſe feroit conſidérablement entr'ouverte & déchirée , ou de ce que ſe trouvant trop chargée d'un côté, elle ſe feroit inclinée , & auroit par-là occaſionné à la grêle diſperſée au-deſſus , de rouler & de ſe précipiter en monceaux de ce côté-là.

Ce n'eſt pas néanmoins à cela qu'il faut communément attribuer les amas de de grêle que nous voyons ſe faire en certains endroits , comme ceux dont il eſt parlé dans l'objeƈtion. Tantôt ce ſont des tourbillons de vent qui enveloppent une quantité de grêle dans ſa chûte & les portent au même endroit où ils vont briſer leurs efforts. Tantôt ce ſont des torrens aƈtuellement cauſés par la pluie , qui entraînent la grêle & en font des amas aux endroits où elle trouve à s'arrêter. Tantôt la ſeule inégalité du terrain ſuffit pour cela , la grêle roulant des lieux élevés dans d'autres plus enfoncés.

La Ville du Puy eſt faite en amphitéatre , on y diſtingue la haute & la báſſe Ville. Il n'eſt donc pas étonnant que lorſqu'il y tombe une abondante grêle , elle ſoit entrainée par des torrens de pluie de la Ville haute à la Ville baſſe ; & qu'il s'en faſſe de grands amas en certains coins de celle-ci.

Je penſe que ces réflexions ſuffiſent pour ſatisfaire pleinement à l'objeƈtion ci-deſſus : je ne m'y arrête pas davantage.

# CONCLUSION.

Voici donc ce qu'il réfulte de ce Mémoire. 1°. Notre Atmofphere confiderée
dans fa hauteur eft réellement diftribuée
en plufieurs régions d'air. 2°. L'air d'une
région a fa pefanteur fpecifique, différente
de la pefanteur fpecifique de l'air des autres régions ; celui des régions fupérieures
étant plus fubtil & plus léger que celui des inférieures ; de forte que
ces différentes efpèces d'air ne fe mê-
lent point naturellement enfemble. 3°. Les
vapeurs font quelquefois forcées de monter
à la furface d'une region d'air, & de s'y
arrêter, n'étant pas affez légéres pour s'é-
lever plus haut, ni affez pefantes pour de-
meurer plus bas ; & il en eft de même des
exhalaifons. 4°. La réunion des parcelles
des vapeurs à la furface d'une région nous
donne de la pluie, fi le froid n'y eft pas
glaçant : elle nous donne de la neige ordinaire fi ces vapeurs étoient glacées avant
leur réunion ; & de la neige à petits gla-

çons ronds & figurés si ces parcelles de vapeurs ne se sont glacées qu'après leur réunion. 5°. Si le haut d'une Nuë se fond en pluie par l'ardeur du Soleil, & le bas, où le Soleil ne pénetre point, se met en flocons de neige ; cette pluie tombant plus vite, & rencontrant ces flocons de neige, le tout se congele ensemble, & il s'en forme du gresil. 6°. De la réunion des exhalaisons à la surface d'une région, il se produit des nappes de grande étenduë, d'une toile autant ou plus mince que celle de l'araignée. 7°. C'est des débris de ces nappes, après que le vent de la région supérieure les a mises en piéces, que se forment ces longues filasses qui tombent du Ciel & que les anciens ont nommées *les Cheveux de Vénus*. 8°. Enfin c'est sur ces nappes que se forme la Grêle, lorsqu'une douce pluie venant à se décharger là-dessus, il s'y fait des globules d'eau qui se glacent & tombent tout glacés sur la terre.

J'ai donné des raisons naturelles de ce que la neige ne tomboit que dans des tems froids ; la grêle au contraire dans des tems chauds ; & le gresil dans un tems qu'il ne

fait ici bas ni grand froid ni grand chaud.
J'ai expliqué d'une maniere affez fatisfaifante les accidens qui diverfifient la Grêle
par rapport à fa figure, à fa groffeur & à
fa couleur. Je me flâte donc d'avoir pleinement rempli le fujet que je m'étois pro-
pofé. J'avouë qu'en matiére de Phyfique
on ne peut guére s'affurer d'avoir rencon-
tré la vérité ; mais du moins il me femble
que fans trop de préfomption, je puis ap-
pliquer à ma théorie fur la formation de la
Grêle, ce Proverbe Italien: *Se non è vero,
è ben trovato.*

# CONSEQUENCE ULTERIEURE

*Poffibilité de naviger dans l'Air à la hauteur de la région de la Grêle.*

### AMUSEMENT PHYSIQUE ET GEOMETRIQUE.

## I.

LEs nappes qui voiturent la Grêle à la furface d'une région d'air, font à cette furface, à-peu-près ce que nos Radeaux font à la furface de l'eau. Rien n'empêche donc que par une femblable étimologie de mots, on ne puiffe appeller ces nappes des *Radairs*, puifqu'elles flotent ras de l'air de cette région.

Comme donc il fuffiroit d'avoir vû des Radeaux flotter fur l'eau, pour en conclurre la poffibilité de conftruire des Vaiffeaux pour y naviger ; ne fe pourroit-il pas de même que de la découverte de nos *Radairs*, on en vînt à la poffibilité de conftruire des Vaiffeaux propres à naviger dans l'air à la hauteur de cette région ? c'eſt ce que nous allons examiner.

## I I.

La gravité de l'air ici-bas eſt à celle de l'eau, ſuivant M. Cotes célébre Profeſſeur de Phyſique expérimentale à Cambrige, comme 1 eſt à 864 : c'eſt-à-dire qu'un volume d'eau peſe 864 fois plus qu'un pareil volume d'air. Quelques Phyſiciens n'y ont trouvé que la différence de 1 à 800 ; mais d'autres y en ont trouvé une plus grande.

M. Le Monier traducteur des Leçons de M. Cotes fait une Notte ſur la 8me. Leçon, par laquelle il nous apprend que M. Caſſini de Thury avoit déterminé géometriquement la hauteur perpendiculaire du *Puy de Domme* Montagne d'Auvergne à deux lieües de Clermont, de 560 toiſes au-deſſus du niveau du Jardin des Minimes ; & que ſuivant les obſervations qu'ils avoient faites enſemble ſur le Baromettre le 6. Août 1739. la hauteur du Mercure aux

Minimes étoit de 27. pouces & demi
ligne ; & au sommet du Puy de Domme , de 23. pouces 9. lignes & demi :
ce qui faisoit une différence de trois
pouces & trois lignes, ou de 39. lignes.

Une Colomne de Mercure de 39 lignes étoit donc alors en équilibre avec
une Colomne d'air de baze égale , haute de 560 toises , qui font 483840 lignes.

Or 39. se trouve 14713 $\frac{33}{39}$ fois dans
483840. Donc la pesanteur  de  l'air
n'étoit alors à celle du Mercure que comme 1
est 14713 $\frac{33}{39}$ & parce que la pesanteur du
Mercure   est à celle de l'eau à-peu-
près comme 14 est à 1 , il s'ensuit
qu'alors la pesanteur de l'air étoit à celle de l'eau à-peu-près comme 1 est à
1051.

M. Le Monier ajoûte que le 6. 8bre.
de la même année 1739 , ils avoient
fait la même expérience sur la Montagne du *Canigou* dans les Pyrenées ,
dont la hauteur perpendiculaire au-dessus
du niveau de la Mer , avoit été con-

elue de 1441 toifes, & que la hauteur du Mercure à *Canet* au bord de la
Mer fut de 28 pouces o$\frac{1}{2}$ ligne ; & au
Canigou de 20 pouces 2 $\frac{1}{2}$ lignes : différence, felon lui de 8 pouces 1 ligne ; mais
il faut qu'il y ait faute dans le chiffre ; car
la différence entre 28 pouces o$\frac{1}{2}$ ligne ,
& 20 pouces 2$\frac{1}{2}$ lignes, n'eft que de 7
pouces 10 lignes.

Une colomne de mercure de 7 pouces
10 lignes, ou de 94 lignes, étoit donc
alors en équilibre avec une colomne d'air
de 1441 toifes, même baze, qui font
1245024 lignes.

Or 1245024 contient 13244$\frac{88}{94}$ fois 94.
la pefanteur de l'air étoit donc alors à
celle du Mercure, comme 1 eft à 13244$\frac{88}{94}$,
& à celle de l'eau à-peu-près comme 1
eft à 946.

Le changement de temperie de l'air
doit néceffairement faire trouver de la
différence dans ces fortes d'obfervations;
car dans des grandes chaleurs l'air eft
ici-bas plus rarifié que dans des tems
froids. Or plus il eft rarifié, moins il

doit peser en pareille colomne ; auffi fe trouva-t'il beaucoup plus léger dans l'expérience faite en Auvergne le 6. du Mois d'Août, que dans celle qui fut faite aux Pyrenées le 6. du Mois d'Octobre.

Le point de condenfation de l'air par le froid dans lequel nous aurions befoin qu'on eût déterminé le rapport de fa pefanteur à celle de l'eau, ce feroit lorfqu'il gele ici-bas auffi fortement qu'il gele à la haute région de la grêle, dans le tems que la grêle s'y forme actuellement, ce qui demande un froid des plus intenfes. Il y a toute apparence que dans un fi grand froid on trouveroit l'air beaucoup plus pefant qu'on ne l'a determiné dans les obfervations ci-deffus ; mais comme un tel froid ne permettroit pas de faire ces fortes d'expériences, nous nous fixerons au degré de pefanteur que y ont trouvé ceux qui en ont déterminé le rapport à celle de l'eau comme de 1 à 800 ; & nous appellerons ce degré de pefanteur, la pefanteur fpecifique de l'air groffier que nous refpirons ici-bas.

# I I I.

Cela posé , on conçoit aisément que si l'air étoit par-tout de même densité & de même pesanteur jusqu'au plus haut de son Atmosphere , & qu'on pût lancer au-dessus un Vaisseau vuide d'air, qui fût dix fois plus long , dix fois plus large , & dix fois plus profond que n'est un de nos gros Vaisseaux de Mer, & qui néanmoins fût si mince , ou d'une matiére si légére que son corps ne pesât pas davantage que ce gros Vaisseau de Mer, un tel Vaisseau non-seulement se soutiendroit sur l'air , mais il pourroit aussi y supporter une charge d'un cinquiéme plus grande que celle qu'on met sur un gros Vaisseau de Mer ; car 10 étant la racine cubique de 1000 , un Vaisseau , dont les trois dimensions seroient dix fois celles d'un autre, se trouveroit mille fois plus ample , & seroit en conséquence contrebalancé & empêché de couler à fond par un volume mille fois plus grand du fluide sur lequel il nageroit.                          Il

Il eſt vrai que ce fluide, c'eſt-à-dire
l'air, ſeroit huit cens fois moins peſant
que l'eau en pareil volume; mais auſſi
ſon volume employé à ſoutenir ce Vaiſſeau étant mille fois plus grand que le
volume d'eau employé à ſoutenir celui
de Mer, la force qui ſoutiendroit celui-là ſeroit à la force qui ſoutiendroit
celui-ci comme 1000 eſt à 800; c'eſt-
à-dire, d'un cinquiéme plus grande.

Mais ce Vaiſſeau au-deſſus de l'Atmoſphere de l'air ne ſçauroit être qu'en
idée; car dans la ſuppoſition même que
l'air dans ſa hauteur eût par-tout le
même rapport de denſité & de peſanteur à celle de l'eau, comme de 1 à
800, il ne laiſſeroit pas d'avoir ſa ſurface environ à 4400 toiſes au-deſſus du
niveau de la Mer, puiſque l'expérience
prouve qu'une Colomne d'air, depuis
le niveau de la Mer juſqu'au plus haut
de ſon Atmoſphere, égale à-peu-près en
peſanteur une Colomne d'eau de même baze, haute de 33 pieds, ou de cinq
toiſes & demi, leſquelles $5\frac{1}{2}$ toiſes
étant multipliées par 800. ( diffé-

F

rence établie ci-deſſus entre la peſanteur de l'eau , & la peſanteur ſpecifique de
l'air ici-bas ) donneroient une Colomne haute de 4400 toiſes ; or comment conſtruire
& élever un vaiſſeau à cette hauteur,

La Montagne de *Chimboraco* dans le
Perou , une des plus hautes du monde,
& peut-être la plus haute qui ſoit con-
nue , a été géométriquement meſurée
par M. Bouguer & les autres Acadé-
miciens qui partirent de France en 1735.
pour aller obſerver la grandeur du degré de latitude à l'Equateur. Ils trou-
verent que la hauteur perpendiculaire
de cette Montagne étoit de 3217 toiſes au-deſſus du niveau de la Mer : par
conſéquent deux fois auſſi haute que le
Canigou dans les Pyrenées & 335 toiſes de plus.

Malgré les grandes chaleurs de la Zo-
ne Torride , cette haute Montagne eſt
toujours negée juſqu'à plus de 800 toiſes au-deſſous du niveau de ſon ſommet , ce qui rend ſon ſommet inacceſ-
ſible aux hommes. Il ſeroit donc impoſſible de conſtruire un Vaiſſeau à ce ſom-

met, & encore plus impoſſible de le
conſtruire à 1183 toiſes plus haut pour
l'avoir à la hauteur de 4400 toiſes ,
ſuppoſé que ce fût là le dernier terme
de l'Atmoſphere de l'air.

Cette impoſſibilité eſt bien plus grande , ſi on a des preuves certaines que
l'Atmoſphere va au moins huit à neuf
fois plus haut que cela. Or par les obſervations faites ſur la durée du crepuſcule
le matin & le ſoir , & ſur l'ombre de
la terre dans les Eclipſes de Lune , les
Aſtronomes trouvent que l'Atmoſphere
refléchit ſenſiblement la lumiere juſqu'à
la hauteur de 36 à 40 mille toiſes. Elle s'éleve donc au moins juſque là , &
qui ſçait juſque où vont ſes limites ?

De-là il ſuit , non-ſeulement qu'il ſeroit impoſſible de conſtruire un Vaiſſeau à
la ſurface de l'Atmoſphere ; mais auſſi que
ce Vaiſſeau ne pourroit s'y ſoutenir ; car
ſi l'air pour conſerver dans toute ſa hauteur le même degré de denſité & de
peſanteur ſpecifique que nous lui avons
donné ici-bas dans les grands froids ne
devroit s'élever qu'à la hauteur d'envi-

F 2

ron 4400 toifes, & s'éleve néanmoins
à la hauteur de 36 à 40 mille toifes,
il faut que vers le haut de fon Atmofphere il perde tellement de fa denfité &
de fa pefanteur qu'il feroit impoffible
d'y rien établir deffus.

Ce Vaiffeau pourroit d'ailleurs paroî-
tre inutile, parce qu'étant fuppofé vuide d'air, qui pourroit le monter, & y vi-
vre ?

Mais quant à cela je dirai que fans
y entrer, on pourroit y attacher par-
deffous plufieurs Efquifs, qu'on éleveroit
& qu'on abaifferoit avec des poulies felon le befoin, & qu'on defcendroit jufqu'à une région temperée, & ce feroit
dans ces Efquifs ou petits Vaiffeaux que
feroit l'équipage avec les inftrumens néceffaires pour gouverner le grand Vaiffeau de deffus.

Chaque Efquif pourroit auffi avoir un
ou deux Canots pour monter & defcen-
dre jufqu'à terre, à-peu-près de la même maniere que les Vitriers montent
jufque aux plus hautes vitres des Egli-
fes & en redefcendent avec leus cages,

Tout cela feroit également néceſſaire pour tirer un bon parti d'un Vaiſſeau poſé à la hauteur de la région de la grêle.

Quoiqu'il y ait bien d'expériences qui ſemblent prouver que cette région eſt inférieure au ſommet de certaines Montagnes fort élevées ; cependant comme le grand froid rend le ſommet de ces hautes Montagnes inhabitable, il y a apparence qu'il en feroit de même, ou du moins preſque de même, du Vaiſſeau dont nous parlons. Je dis, *du moins preſque de même*, parce que ce ne feroit pas tout à fait la même choſe, puiſqu'on pourroit faire un Vaiſſeau ſi profond, que le fonds de cale ſe trouveroit dans une région temperée, & que d'ailleurs on y feroit à l'abri du vent.

## I V.

M. Cotes ( Lec. 9. ) croit, d'après Newton, qu'à la hauteur de 7 mille d'Angleterre, l'air eſt quatre fois plus rare qu'ici-bas : à la hauteur de 14 mille, feize fois plus rare : à la hauteur de 21 mille, foixante quatre fois plus rare ; & que fa rareté continue ainfi de devenir en raifon quadruple plus rare de 7 en 7 mille pas géometriques. De forte que la rareté de l'air, & en conféquence fa légéreté, augmente en progreffion géométrique à mefure que fa hauteur croit en progreffion arithmetique.

Il feroit à fouhaiter qu'ils nous euffent donné l'un & l'autre de meilleures preuves qu'ils n'ont fait de cette prétendue progreffion géometrique de la rareté de l'air. M. Cotes avoüe d'abord qu'il eft difficile de s'appercevoir fur quoi fe fondoit M. Newton pour l'admettre ; & lui-même ne fe fonde pour cela que fur la preffion que les couchés fupérieures de l'air font fur les inférieures, ce qui eft un fondement ruineux par deux ou trois endroits.

Premierement l'air ayant plus ou moins d'elafticité, & en conféquence refiftant plus ou moins à fa compreffion fuivant qu'il fait un tems plus chaud ou plus froid ; plus fec ou plus humide, il eſt difficile, pour ne pas dire impoſſible, de déterminer au juſte en quelle progreſſion les couches ſupérieures compriment les inférieures.

En ſecond lieu, M. Cotes ne faiſoit pas aſſez de réflexion que ſi l'air eſt ici-bas comprimé par le poids des couches ſupérieures, auſſi eſt-il raréfié par la chaleur de la reverberation du ſoleil, qui regne beaucoup plus en bas qu'en haut, & qui pourroit n'avoir pas moins de force pour le dilater que le poids de l'atmoſphere pour le comprimer.

En troiſiéme lieu, il ne fait ſon calcul qu'en ſuppoſant que l'air, dans toute ſa hauteur, eſt par-tout de même eſpèce & de même qualité, en ſorte qu'il ne s'y trouve qu'une différence accidentelle provenant de la preſſion des couches ſupérieures ſur les inférieures, ce qui eſt non-ſeulement contraire à ce que nous avons prétendu établir dans le Mémoire ci-deſſus ; mais auſſi à l'opinion commune du genre humain, qui dit & qui penſe qu'au ſommet des hautes montagnes, l'air eſt non - ſeulement moins comprimé, mais auffi plus fubtil & moins groffier que celui que nous refpirons ici-bas.

Si l'air fupérieur n'étoit plus léger que l'inférieur que parce qu'il eft moins comprimé, ce feroit inutilement que nous examinerions ici la poffibilité d'établir des Vaiffeaux dans l'air ; car alors chaque couche de l'air intérieur d'un Vaiffeau feroit dans le même degré de pefanteur & en équilibre avec la couche de l'air extérieur prife au même niveau, de forte que le vaiffeau fe trouveroit abandonné à fon propre poids qui l'auroit bientôt fait couler à fonds. Auffi n'examine-je la poffibilité de naviger dans l'air que conféquemment aux principes établis dans le Mémoire cy-deffus fur la formation de la grêle. Pour lors il ne fuffit pas que l'air foit plus leger en haut qu'en bas, il faut auffi que cette différence en légéreté & en pefanteur provienne de la différente qualité de l'un & de l'autre air.

## V.

Pour conftater d'où provient la légéreté de l'air à mefure de fon élevation,
on pourroit fe fervir d'une grande bouteille de verre qui contînt au moins un
pied cube d'air. Cet air peferoit abfolument ici-bas plus d'une once ; car un
pied cube d'eau pefe 70 livres, ce qui
fait 1120 onces ; or il s'en faut que
l'eau pefe 1120 fois plus que l'air ici-
bas, quelque temps même qu'il faffe ; il
faut donc qu'un pied cube d'air ici-bas
pefe en tout tems plus d'une once.
Mais ce poids ne fe fent pas, parce
qu'il eft contrebalancé & en équilibre
avec un pareil volume d'air extérieur.

L'expérience que l'on pourroit faire
avec cette bouteille, ce feroit de la pefer d'abord toute debouchée dans un
lieu fort bas, comme auprès de la
Mer, ou dans un vallon profond ; &
de la porter enfuite, après l'avoir bien
bouchée, au fommet d'une haute Montagne, où l'on la deboucheroit encore,

& l'on donneroit le tems à l'air intérieur de parvenir au même degré de
froid ou de chaud que l'air extérieur.;
après quoi on la peferoit de nouveau,
pour examiner fi ce feroit toujours pré-
cifément le même poids.

Si la légéreté de l'air, à mefure dè
fon élevation, ne provenoit que de cé
qu'en haut il feroit moins preffé par les
couches fupérieures qu'en bas; il eft évident que la bouteille conferveroit fur la
Montagne le même point d'équilibre
avec fòn contrepoids qu'il auroit eû en
bas; parce qu'étant debouchée, comme
on la fuppofe , l'air intérieur ne feroit
ni plus ni moins preffé par les couches
fupérieures que l'air extérieur de même
niveau.

Mais fi la légéreté de l'air, à mefure
de fon élevation, provenoit auffi de ce
que l'air feroit de lui-même plus craffe
& plus pefant ici-bas qu'en haut, il
s'enfuivroit néceffairement qu'au fommet
de la Montagne l'air intérieur de la
bouteille qu'on auroit pris & porté d'i-
ci-bas , fe trouveroit plus pefant qu'un

pareil volume de l'air extérieur, ce qui rendroit la bouteille plus pesante que son contrepoids, & l'équilibre seroit ôté.

Je ne me suis point trouvé en occasion de faire cette expérience, & j'ignore que personne l'ait jamais faite. Elle demanderoit de grandes précautions, & auroit besoin d'être réiterée par plusieurs personnes en différentes saisons & à différens climats, avant que l'on pût y compter sur quelque chose de certain.

## V I.

Saint Thomas, dans ses Commentaires sur Aristote, parle d'une expérience approchante de celle-là, faite par trois célébres Philosophes de l'antiquité ; mais il leur arriva ce qui arrive souvent aux Physiciens, de ne rien omettre dans leurs expériences de ce qui peut les tourner en faveur de leurs préjugés, & d'oublier bien des circonstances qui ne leur seroient pas favorables.

Aristote soutenoit que l'air pesoit dans sa propre Atmosphere. Pour s'en mieux affurer, il fit l'expérience de pefer un outre de cuir très-mince , avant & après l'avoir empli d'air , & il trouva qu'étant enflé il pefoit davantage que ne l'étant pas.

Themiftius foutenoit tout au contraire que l'air, dans fa propre Atmofphere étoit léger , & avoit une tendance en haut. Il fit la même expérience qu'Ariftote , & le refultat en fut tout oppofé : il trouva que l'outre enflé étoit moins pefant qu'étant vuide d'air.

Simplicius prétendoit que l'air dans fa propre Atmofphere n'avoit de nitence ni en haut ni en bas , & n'étoit ni pefant ni léger , mais qu'il y étoit de lui-même tranquille comme dans fon propre centre, à moins que quelque caufe étrangere l'agitât. Il fit la même expérience que les deux précédens , & il trouva que l'outre enflé ou non enflé avoit toujours le même poids.

Saint Thomas fait admirer ici fa modeftie & fon refpect pour les Anciens, de même que dans le refte de fes Ouvrages. Au lieu de blamer ces Philofophes

phes de ce qu'ils auroient publié des
refultats fi différens de cette expérience,
pour la faire fervir à leurs vuës; il dit
qu'il ne faut pas croire que de fi grands
Hommes ayent rapporté les chofes autrement qu'ils les avoient trouvées;
mais que la différence de ces refultats
pouvoit provenir de ce que l'un auroit
empli l'outre d'un air plus groffier &
plus pefant pris dans un lieu plus bas:
l'autre l'auroit empli d'un air plus fubtil & plus léger pris en un lieu plus élevé; & le troifiéme l'auroit empli d'un
air pris, ni plus haut, ni plus bas; ni
plus pefant ni plus léger que celui où
l'on étoit lorfque l'on pefoit l'outre. *

* *Ne tanti Viri inexpertes videantur, eft
intelligendum quod.... Aer... in inferioribus
gravior eft, elevatus autem levior & magis
divifibilis.... & fecundùm hoc potuit contin-
gere quod in ifto experimento, diverfi diverfa
invenerunt. Aliqui enim replentes aëre groffo,
invenerunt inflatum gravius; aliqui autem im-
plentes fubtiliori.... invenerunt ipfum levius;
aliqui autem æqualis ponderis, propter mediam
difpofitionem.* S. Thomas Lib. 4. de Cœl. &
Mund. Lec. 3.

G

Cette expérience conçuë & exécutée selon la penſée de St. Thomas ſeroit un moyen pour connoitre ſi la légéreté de l'air ſupérieur provient uniquement de ce qu'il eſt moins preſſé, ou ſi elle lui eſt comme naturelle à raiſon de ſa grande ſubtilité.

Un outre de cuir très-mince qu'on auroit empli d'air au ſommet d'une haute Montagne, & porté enſuite au bas; ou qu'on auroit empli d'air au bas de la Montagne, & porté enſuite au ſommet, conſerveroit par-tout le même degré de peſanteur relativement à l'air extérieur, & le même équilibre avec ſon contrepoids, ſuppoſé que le plus ou le moins de peſanteur dans l'air ne provînt que d'une plus grande, ou d'une moindre preſſion des couches ſupérieures; car l'outre avec ſon air intérieur ſe comprimeroit au bas de la Montagne, & ſe dilateroit au ſommet tout comme l'air extérieur. Au lieu que ſi l'air du bas de la Montagne étoit de lui-même plus peſant que celui du ſommet, l'outre empli de l'un ou de l'autre air ſe trou-

veroit plus pefant en haut qu'en bas,
parce qu'en haut l'air extérieur lui ra-
viroit moins de fa pefanteur.

Cependant comme l'outre feroit fujet à devenir plus ou moins humide en
montant ou en defcendant la Montagne, & que cela feul fuffiroit pour en aug-
menter ou diminuer la pefanteur, il
me paroit que l'expérience feroit plus
sûre étant faite avec une bouteille de
verre, de la maniere ci-deffus. Il feroit
bon même en ce cas, que le poids
mis à l'autre baffin de la balance con-
fiftât en des morceaux de verre caffé,
afin que la bouteille & fon contrepoids
étant de matiére homogéne, la varia-
tion de la pefanteur, fi on y en décou-
vroit, ne pût être attribuée qu'à la différence de l'air.

## V I I.

La véritable cimetrie de notre Atmofphere ne nous eft donc pas affez
connuë pour établir quelque chofe de
certain fur la poffibilité que nous cher-

chons de conftruire des Vaiffeaux à naviger dans les airs ; auffi n'eft-ce que
par maniere de recréation & d'amufe-
ment que nous prétendons en parler jufqu'à ce que des expériences non équivoques nous ayent mis en voye d'en
parler plus fûrement.

En attendant nous aurons befoin de
recourir à des hypothefes, qui toutes
arbitraires qu'elles paroiffent, pourront
peut-être dans la fuite avoir le même
effet que les Régles de fauffe pofition
en Arithmetique, qui ne demandent
non plus d'abord que des fuppofitions
arbitraires, & ne laiffent pas néanmoins
de conduire avec affurance à la vérité
que l'on cherche.

Nous avons obfervé dans le Mémoire ci-deffus que les diverfes fituations
que prennent dans l'air les Brouillards
& les Nuages, fuivant qu'ils font plus
ou moins pefans, femblent conftâter que
la pefanteur fpecifique de l'air dimi-
nue de région en région à mefure que
l'une eft fupérieure à l'autre. Mais rien
n'empêche auffi de fuppofer que cette

diminution est peu considérable dans toutes les régions inférieures à celles de la
grêle ; & que de cette région à celle qui
est immédiatement au-dessus, la diminution de pesanteur est fort grande. Il
le faut en effet pour y établir des nappes qui voiturent la grêle.

Ayant donc fixé la pesanteur de l'air
ici-bas dans les grands froids, à la
800me. partie de celle de l'eau en pareil volume, supposons maintenant que
l'air à la région de la grêle ne soit que
d'un cinquiéme plus léger que celui
d'ici-bas dans les grands froids ; mais
que celui de la région immédiatement
au-dessus soit la moitié plus léger que
celui de cette région de la grêle. Dans
cette supposition la pesanteur de l'air
dans la région de la grêle sera à celle
de l'eau comme 1 est 1000. & dans
la région de dessus, elle ne sera que
comme 1 est à 2000.

Voilà, dira-t'on, une supposition bien
gratuite. Je l'avoüe ; mais en Arithmetique & dans les Mathematiques n'en
fait-on pas d'aussi gratuites, qui d'abord

font très éloignées de la vérité que l'on cherche, & qui cependant ne laissent pas d'y conduire? On me fait, par exemple, cette question : quatre Marchands ont mis leur fonds & leur industrie en société, les uns plus, les autres moins, à condition que celui qui a mis davantage aura dix portions du profit, le suivant en aura 9. le troisiéme 7. le quatriéme 4. Ils ont gagné ensemble 3511 liv, combien en doit-il revenir à chacun?

Pour le compter je me contente d'abord de supposer qu'au premier il doit revenir 10 liv. au second 9. liv. au troisiéme 7 liv. & au quatriéme 4 liv. Une personne qui ne verra pas à quoi cela peut conduire, me dira : quelle supposition faites-vous? tout cela ne feroit ensemble que 30 liv. & ces Marchands ont à se partager 3511 liv. Oüi, lui répondrois-je ; mais parce que toutes ces petites portions jointes ensemble font au juste 30 liv. elles font à celles qui doivent revenir à chacun de ces Marchands, comme 30 liv. est à 3511 liv. Il ne s'agit donc que d'examiner par la

Régle de Divifion , combien de fois 30
eſt contenu dans 3511. , & je trouve
qu'il y eſt contenu 117 fois , reſte
1 ; car 30 fois 117 ne fait que 3510.
Je multiplie donc par 117 les portions
que j'avois d'abord aſſignées à chacun ,
& je trouve que le premier doit avoir
1170 liv. le ſecond 1053 liv. le troiſiéme 819 liv. le quatriéme 468. quant
aux vingt ſols reſtant , je les réduis en
deniers dont le nombre ſera 240. pour
la diſtribution deſquels j'uſe de la même
méthode , & je trouve qu'il doit en revenir 80 au premier Marchand , c'eſt-à-
dire 6 ſ. 8 d. au ſecond 6 ſ. au troiſiéme 4 ſ. 8 d. au quatriéme 2 ſ. 8 d.

De même , quoique la ſuppoſition par
laquelle j'attribue à l'air de la région
immédiatement ſupérieure à la grêle
d'être la moitié plus léger que celui de
la région même de la grêle , ſoit une
ſuppoſition purement gratuite , & qu'elle ne puiſſe être que gratuite juſqu'à ce
qu'on ait connu , par des expériences
non équivoques , de combien en effet
l'air d'une de ces deux régions eſt plus

léger ; néanmoins dès qu'on l'aura connu , la poffibilité de naviger fur la région de la grêle dans notre fuppofition ,
pourra conduire à la poffibilité d'y naviger , foit que la différence de la pefanteur de l'air des deux régions fe trouve plus grande , foit qu'elle fe trouve
plus petite. Si cette différence eft plus
grande , le Vaiffeau dont nous parle-
rons pourroit y voiturer une plus grande charge ; & ce feroit le contraire fi
cette différence de pefanteur étoit moindre.

## V I I I.

Nous voici donc arrivés au moment
de la conftruction de notre Vaiffeau
pour naviger dans les airs , & tranfporter,
fi nous voulons , une nombreufe armée
avec tous fes attirails de güerre &
fes provifions de bouche , jufqu'au milieu de l'Afrique , ou dans d'autres Païs
non moins inconnus. Pour cela il lui
faut donner une vafte capacité. Qu'im-
porte , il n'en coutera pas davantage

dès que nous ne le fabriquerons qu'en idée.

Plus il sera grand, plus sa pesanteur en sera absolument plus grande ; mais aussi elle en sera moindre respectivement à son énorme grandeur, comme peuvent le comprendre ceux qui ont quelque teinture de Géometrie, & qui sçavent que plus un corps est grand, moins il a, à proportion, de superficie, quoiqu'il en ait absolument davantage.

Nous construirons ce Vaisseau de bonne & forte toile doublée, bien cirée ou goudronnée, couverte de peau, & fortifiée de distance en distance de bonnes cordes, ou même de cables dans les endroits qui en auront besoin, soit en dedans soit en dehors, en telle sorte qu'à évaluer la pesanteur de tout le corps de ce Vaisseau, indépendamment de sa charge, ce soit environ deux quintaux par toise quarrée.

Quant à la forme qu'il faudroit donner à ce Vaisseau, on aura assez le loisir d'y penser avant que de mettre la main à l'œuvre. Contentons-nous pour le préfent d'examiner fi un Vaiffeau de figure cubique ayant par exemple 1000 toifes de diamétre, dont le feul corps, indépendamment de fa charge, peferoit 200 livres, ou deux quintaux, par toife quarrée, pourroit fe foutenir dans l'air à la région de la grêle, fuppofé que la pefanteur de l'air de cette région foit à celle de l'eau comme 1 eft à 1000; & que la pefanteur de l'air de la région immédiatement au-deffus ne foit à celle de l'eau que comme 1 eft à 2000.

Ce Vaiffeau feroit plus long & plus large que toute la Ville d'Avignon, qui n'a, dit-on, que 3000 pas Géometriques de circonférence; & fa hauteur reffembleroit à celle d'une Montagne bien confidérable. Un feul de fes côtés contiendroit un million de toifes quarrées; car 1000 eft la racine quarrée d'un million. Il auroit fix côtés égaux, puifque nous lui donnons une figure cubique. Nous fuppofons auffi qu'il fût couvert, car s'il ne l'étoit pas, il ne faudroit avoir égard qu'à cinq de fes côtés, pour mefurer combien peferoit le

corps de tout ce Vaisseau indépendamment de sa cargaison, en lui donnant
deux quintaux de pesanteur par toise
quarrée.

Ayant donc six côtés égaux, & chaque côté étant d'un 1000000 toises quarrées, ce seroit en tout 6000000 toises
quarrées, donc chacune pesant deux
quintaux, il s'ensuit que le seul corps
de ce Vaisseau peseroit 12000000 quintaux. pesanteur énorme, au-delà de dix
fois plus grande que n'étoit celle de
l'Arche de Noé avec tous les Animaux,
& toutes les provisions qu'elle renfer-
moit. En voici la preuve.

Cette Arche, auprès de laquelle nos
plus gros vaisseaux de guerre seroient à
peine ce que les barques des Pêcheurs
sont auprès de ces gros Vaisseaux, avoit,
selon l'Ecriture, 300 coudées en longueur, 50 en largeur, & 30 en pro-
fondeur. La coudée dont parle Moyse
équivaloit, comme le prétendent beaucoup de Sçavans, à un pied & demi
de roi, ou à 18. pouces. Elle avoit donc
450 pieds en longueur, 75 pieds en

largeur, & 45 pieds en hauteur ou pro-
fondeur : ce qui fait une longueur de
75 toifes, une largeur de $12\frac{1}{2}$ toifes, une
hauteur de $7\frac{1}{2}$ toifes. Multiplions ces
trois dimenfions l'une par l'autre, nous
trouverons que cette Arche avec
tout ce qu'elle contenoit & toute fa capacité intérieure étoit tout
au plus de $7021\frac{1}{4}$ toifes cubiques. Je
dis tout au plus, parce qu'il y apparence que dans fa longueur elle n'avoit
pas par-tout la même largeur, ni peut-
être la même hauteur.

Le volume d'eau qui contrebalançoit
cette Arche & la foutenoit, pouvoit donc
tout au plus équivaloir à $7021\frac{1}{4}$ toifes
cubes. Or que pefe la toife cube d'eau ?
un pied cube pefe 70 livres. La toife
cube contient 216 pieds cubes: multipliez ces deux nombres l'un par l'autre,
vous aurez pour pefanteur d'une toife
cube d'eau 15120 livres. Multipliez encore ce nombre par celui de $7021\frac{1}{4}$,
vous trouverez que l'eau qui contrebalançoit l'Arche de Noé pefoit tout au
plus

plus 10616130o livres ou 1061613 quintaux. Or l'Arche avec tout ce qu'elle contenoit ne pouvoit pas peſer au-delà de ce que peſoit l'eau qui la contre-balançoit, autrement elle auroit coulé à fond : donc cette Arche avec tout ce qu'elle contenoit, ne pouvoit pas aller au-delà de 1061613 quintaux, ce qui ne feroit pas la 1ome. partie de la peſanteur du ſeul corps de notre grand Vaiſſeau, puiſqu'il peſeroit 12000000 quintaux, & que dix fois 1061613 ne font que 10616130.

Nous voilà donc embarqués dans l'air avec un Vaiſſeau d'une horrible peſanteur. Comment pourra-t'il s'y ſoutenir, & tranſporter avec cela une nombreuſe armée, tout ſon attirail de guerre & ſes proviſions de bouche, juſqu'aux Païs les plus éloignés ? c'eſt ce que nous allons examiner.

La peſanteur de l'air de la région ſur laquelle nous établiſſons notre navigation, étant ſuppoſée à celle de l'eau comme 1 à 1000 ; & la toiſe cube d'eau peſant 15120 liv., il s'enſuit qu'une

H

toife cube de cet air pefera environ quinze livres & 2 onces ; & celui de la région fupérieure étant la moitié plus léger , fa toife cube ne pefera qu'environ 7 livres & 9. onces. Ce fera cet air qui remplira la capacité du Vaiffeau , c'eft pourquoi nous l'appellerons l'air intérieur , qui réellement pefera fur le fond du Vaiffeau à raifon de 7 livres 9 onces par toife cube ; mais l'air de la région inférieure lui refiftera avec une force double , de forte que celui-ci ne confumera que la moitié de fa force pour le contrebalancer ; & il lui en reftera encore la moitié pour contrebalancer & foutenir le Vaiffeau avec toute fa cargaifon. Or cette force feroit-elle fuffifante pour l'empêcher de couler à fond ?

C'eft une loi indubitable de l'Hidrofratique, que tout fluide oppofe à l'immerfion totale d'un Vaiffeau mis audeffus, autant de force qu'un pareil volume de ce fluide peut avoir de pefanteur. En forte que pour juger fi ce fluide pourra foutenir à fa furface & y faire furnager un vaiffeau, il n'y a qu'à fçavoir fi un volume de ce fluide pareil à la grandeur du Vaiffeau doit pefer au tant, ou même davantage, que ce Vaif feau.

Le Vaiffeau que nous avons lancé en idée fur la région de la grêle eft de fi gure cubique & de 1000 toifes de dia metre. La force que l'air de cette ré gion oppoferoit à l'immerfion totale de ce Vaiffeau feroit donc égale à la pe fanteur d'un cube de cet air de 1000 toifes de diametre. Un cube de 1000 toifes de diametre contient un milliar ou mille millions de toifes cubes; car 1000 eft la racine cubique de 1000000000. La toife cube de cet air pefe abfolu ment 15 livres & 2 onces; mais il ne faut avoir égard qu'à la moitié de fon poids, parce que l'autre moitié eft em ployée à contrebalancer l'air intérieur qui pefe la moitié moins felon notre fuppo fition. La moitié de 15. livres & deux onces eft 7 livres & 9 onces.

Mille millions de toifes cubes pefant chacune 7 livres & 9 onces font 7562500000 livres, ou 7562500 quintaux. Notre vaiffeau fe foutiendra donc dans la région où nous l'avons placé, pourvû qu'avec fa cargaifon il ne pefe pas au-delà de 75625000 quintaux. Mais parce que pour naviger fans danger évident, il faut que le Vaiffeau éleve fes bords jufqu'à une certaine hauteur au-deffus de fon fluide , autrement à la moindre fecouffe, le fluide y entreroit, & le feroit couler à fond ; allégeons notre Vaiffeau de 5625000 quintaux , & ne lui laiffons pour tout fon poids avec fa cargaifon que 70000000 quintaux. Par le moyen de cet allégement, qui feroit un peu plus que de la 12me. partie de tout le poids , ce Vaiffeau s'éleveroit au-delà de 83 toifes au-deffus du niveau de la région de la grêle fur laquelle il navigeroit.

Qui de 70000000 quintaux ôte 12000000 quintaux que peferoit le feul corps du Vaiffeau, laiffe encore pour fa cargaifon 58000000 quintaux ; ce qui iroit 54 fois au-delà de ce que pouvoit pefer l'Arche de Noé avec tout ce qu'elle contenoit d'animaux & de provifions pour tout un an, que dura le Déluge.

Ce Vaiſſeau porteroit plus que ne pourroient porter deux mille de nos plus
gros Vaiſſeaux Marchands ; car il faudroit
pour cela que chacun portât 29000 quintaux ; or quels ſont ces Vaiſſeaux qui les
voiturent ?

Quand bien il entreroit dans notre
Vaiſſeau quatre millions de perſonnes,
peſant chacune 3 quintaux, ce qui eſt
un poids au-delà de ce que peſe le commun des hommes ; & que nous permet-
trions à chacune de ces perſonnes d'a-
voir avec ſoi 9 quintaux en proviſions ou
en marchandiſes, tout cela ne feroit
qu'une charge de 48000000 quintaux.
Il s'en manqueroit donc encore 10000000
quintaux pour ſon entiére cargaiſon.

Je comprends donc qu'il ne feroit pas
néceſſaire de conſtruire, pour notre navigation aërienne, des Vaiſſeaux d'une ſi
prodigieuſe grandeur.

Quant à la forme qu'il faudroit donner à ces Vaiſſeaux, elle feroit ſans doute bien différente de celle dont nous ve-
nons de parler. Il y auroit beaucoup de
choſes à ajoûter ou à reformer pour les

rendre commodes, & bien de précautions à prendre pour obvier aux inconvéniens ; mais ce font des chofes que nous laiffons aux fages réflexions de nos habiles Machiniftes.

Je ne me fuis engagé qu'à examiner la poffibilité d'une telle navigation conféquemment à la théorie établie dans notre Mémoire fur la formation de la grêle ; & j'efpere qu'on trouvera que j'ai fatisfait à mon engagement.

Cette navigation, au refte, ne feroit pas fi dangereufe que l'on pourroit fe l'imaginer. Peut-être le feroit-elle moins que celle de Mer. Dans celle-ci tout eft perdu lorfque le Vaiffeau vient à couler à fond ; au lieu que le cas arrivant dans celle-là, on fe trouveroit doucement mis à terre, au grand contentement de ceux qui feroient ennuyés de voguer entre le Ciel & la Terre ; & qui aimeroient mieux venir nous raconter ce qu'ils auroient vû fe paffer dans ce haut Païs des Nuës, que de continuer leur route.

Le Vaiffeau en defcendant ici-bas,

iroit avec une lenteur à ne rien faire craindre de funeſte pour les gens de dedans, la vaſte étenduë de la colomne d'air de deſſous s'oppoſant à la vîteſſe de ſa chûte. D'ailleurs ce Vaiſſeau, après même s'être ſubmergé & rempli d'air groſſier ne peſeroit jamais un tiers de plus qu'un pareil volume de cet air. Il viendroit donc à terre beaucoup plus lentement que ne peut faire la plume la plus légére, puiſque cette plume, malgré ſa légéreté, peſe grand nombre de fois plus que l'air en pareil volume, & par conſéquent beaucoup plus, à proportion des maſſes, que ne feroit notre Vaiſſeau ſubmergé.

*F I N.*

## Fautes à corriger.

**Page 4.** ligne 9. *Parefol*, lifez *Parafol*
**Pag.** 5. ligne 1. *liquifier*, lifez *liquéfier*
**Pag.** 54. ligne penultiéme, *rarifie*, lifez *raréfie*

MÉMOIRE SUR LA NATURE & LA FORMATION DE LA CROÛTE

www.ingramcontent.com/pod-product-compliance
Lightning Source LLC
Chambersburg PA
CBHW031732210326
41519CB00050B/6221